JN086420
キュウリは
かんさつするのも
楽しいのよ
わたしは
かんさつ名人
ジャジャーン
注目は「まきひげ」。
ひげの先がカールして
ものにふれると
バネのような形でまきつくの
くるくるん
かわいい!
すご──い!
キュウリは
1つのかぶに
「おばな」と「めばな」の
2種類の花が
さくのよ
ぷっくり
〈おばな〉
〈めばな〉
花びらは
どっちも
5まいだね
きいろくて
かわいい♪
あれ!?
めばなの下が
ふくらんで
るよ
じつは、このふくらんでいる
ところが成長して
キュウリのみになるの
たまに、めばながついた
キュウリを売ってるよ
キュウリって
おもしろーーい!
へーー♪
よし! みんなで
キュウリをそだてて
かんさつしよう!

キュウリの そだて方カレンダー

5月になえをうえると、6月のおわりくらいから、キュウリのみをしゅうかくできます。じょうずにせわをすれば、9月までみがなります。

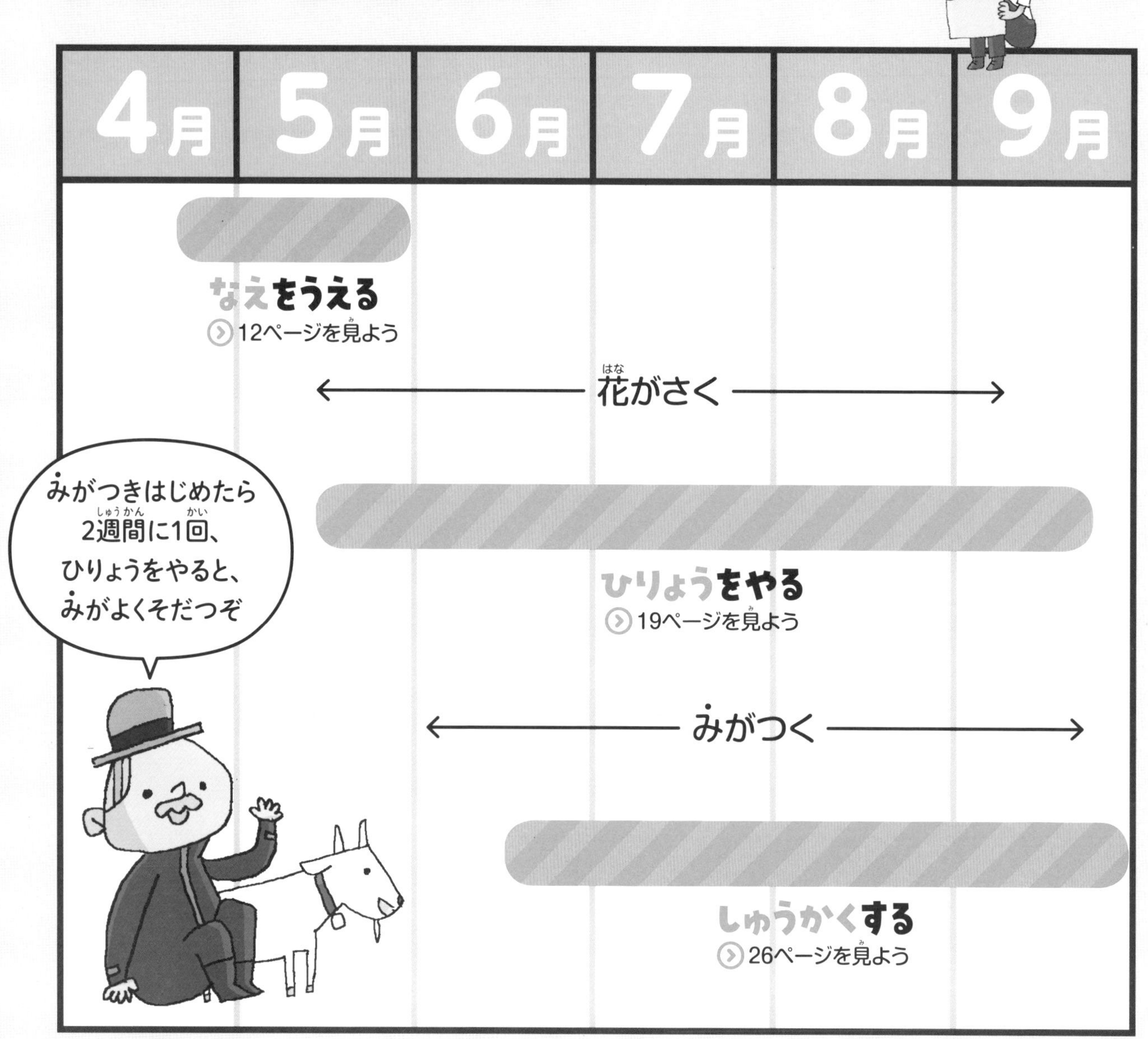

※このカレンダーは目やすです。天気や地いきによってちがうことがあります。

毎日かんさつ！ぐんぐんそだつ

はじめてのやさいづくり

3 キュウリをそだてよう

監修：塚越 覚
（千葉大学環境健康フィールド科学センター准教授）

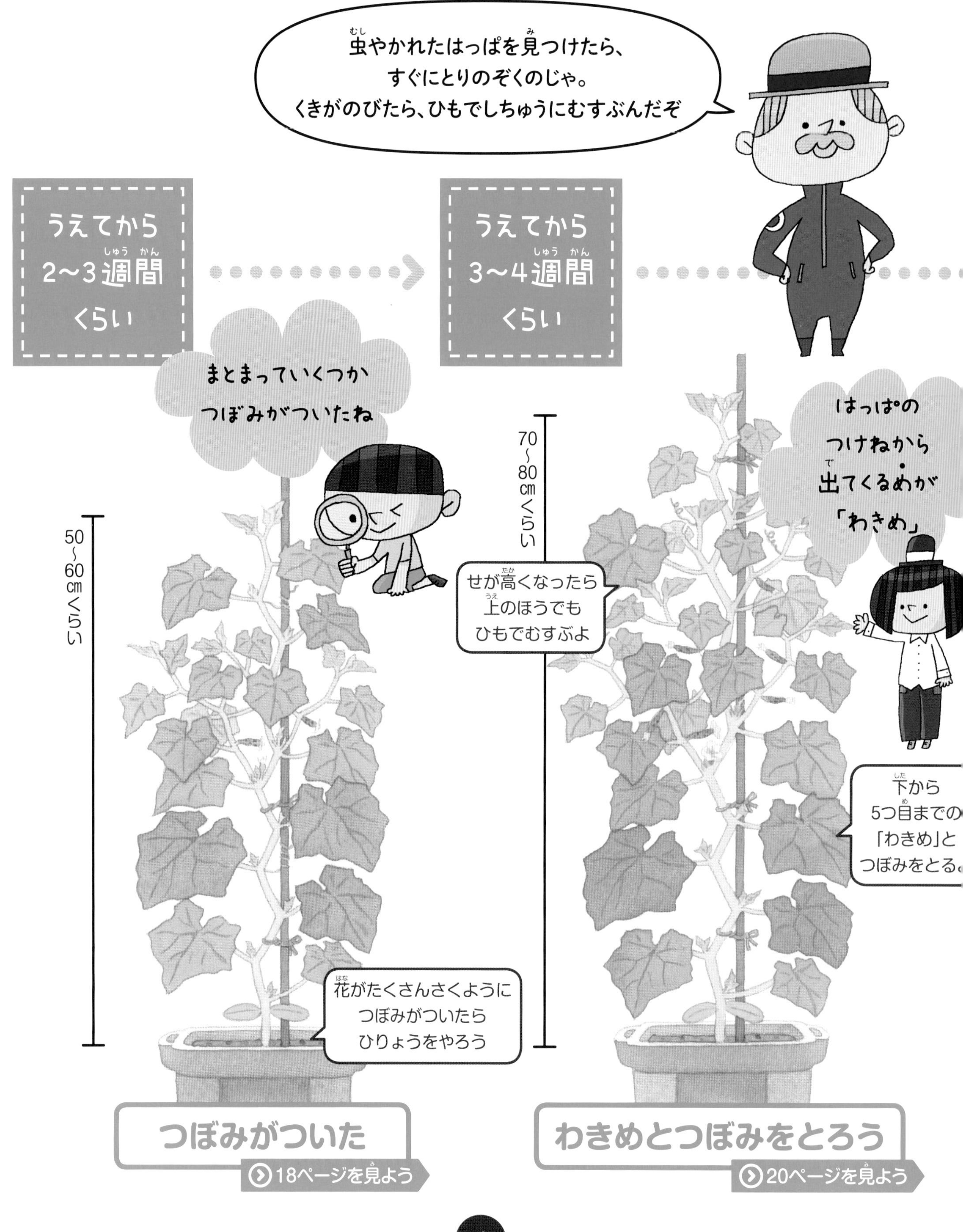
虫やかれたはっぱを見つけたら、
すぐにとりのぞくのじゃ。
くきがのびたら、ひもでしちゅうにむすぶんだぞ
うえてから
2〜3週間
くらい
うえてから
3〜4週間
くらい
まとまっていくつか
つぼみがついたね
50〜60㎝くらい
70〜80㎝くらい
せが高くなったら
上のほうでも
ひもでむすぶよ
はっぱの
つけねから
出てくるめが
「わきめ」
下から
5つ目までの
「わきめ」と
つぼみをとる。
花がたくさんさくように
つぼみがついたら
ひりょうをやろう
つぼみがついた
18ページを見よう
わきめとつぼみをとろう
20ページを見よう

キュウリがそだつまで

どんなふうにそだつのかな？　どんなせわをするといいのかな？

スタート！
1日目

うえてすぐ～
1週間
くらい

はっぱやくきは
どんなようすかな？

15㎝くらい

プランターに
うえるよ

なえをうえよう

12ページを見よう

せが高く
なったね

キュウリが
たおれないように
ぼうでささえて
ひもでくきとしちゅう
をむすぼう

しちゅう

15～30㎝くらい

しちゅうを立てよう

16ページを見よう

キュウリをそだてるには どんなじゅんびがいるのかな？

キュウリのなえは、
4～5月ころに出まわるぞ。
うえつけによいのは、
本葉が3～4まいのころじゃ

※「本葉」については
12ページを見よう。

キュウリのなえ

たねからそだてて、少し
そだったもの。

プランター

植物をうえる入れもののこと。アサガオをうえたプランターをつかってもいいね。

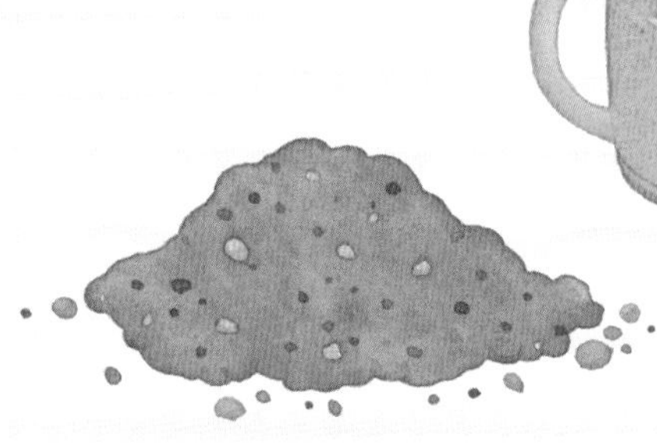

スコップ

土をすくうのにつかう。

ばいよう土

よくそだつように、ひりょうなどが入っている土。やさい用をつかおう。

じょうろ

水やりにつかう。ペットボトルのふたに、小さなあなをあけたものでもいいよ。

なえや道具は、
ホームセンターなどで手に入るぞ

しちゅう

せが高くのびるやさいをそだてるときにつかう。キュウリでは、120～150cmくらいのものがいい。

ひも

キュウリのくきを、しちゅうにむすびつけるのにつかう。

ひりょう

土にまくやさいのえいよう。やさいに必要な成分が入っている。

かんさつのじゅんびもわすれずに

●かんさつカード

さいしょはメモ用紙にかいてもいいね。

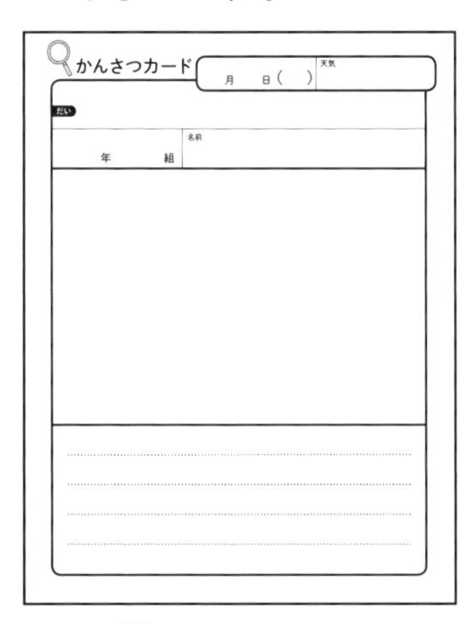

この本のさいごにあるので、コピーしてつかおう。

●ひっきようぐ

絵をかくための色えんぴつも用意しよう。

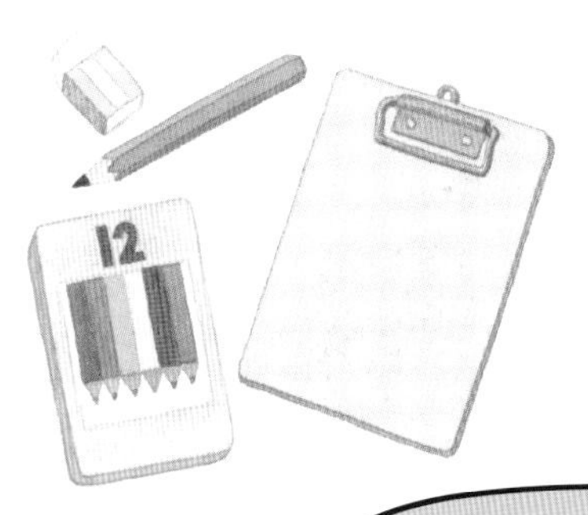

●じょうぎやメジャー

長さや大きさをはかるのにつかう。虫めがねもあるといいね。

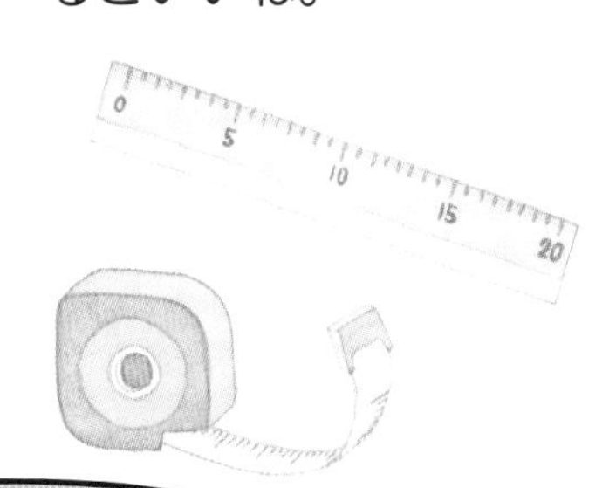

外から帰ったら手あらい、
うがいをわすれずに!

しゅうかくしよう

26ページを見よう

おぼえておこう！

植物の部分の名前

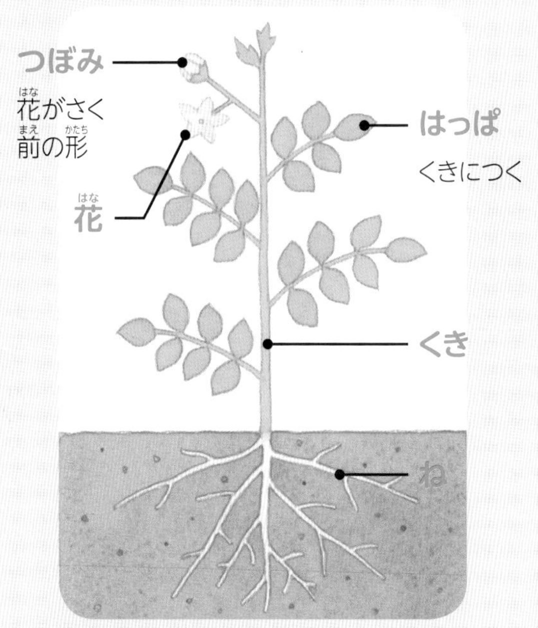

花の部分の名前

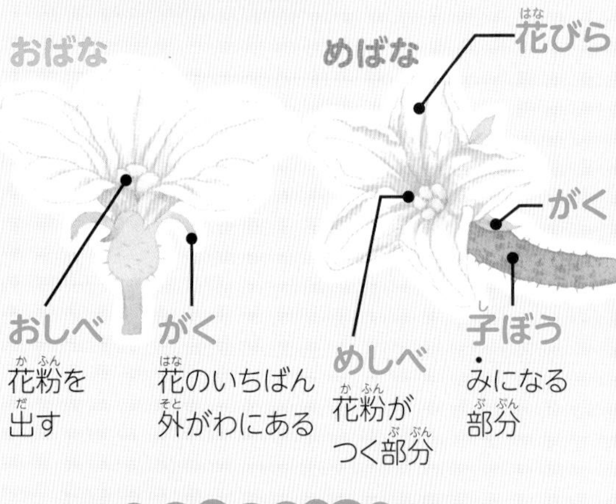

くらべてみよう！

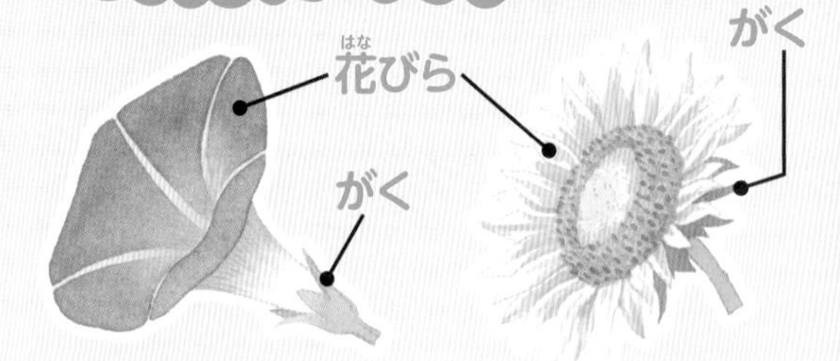

アサガオの花　ヒマワリの花

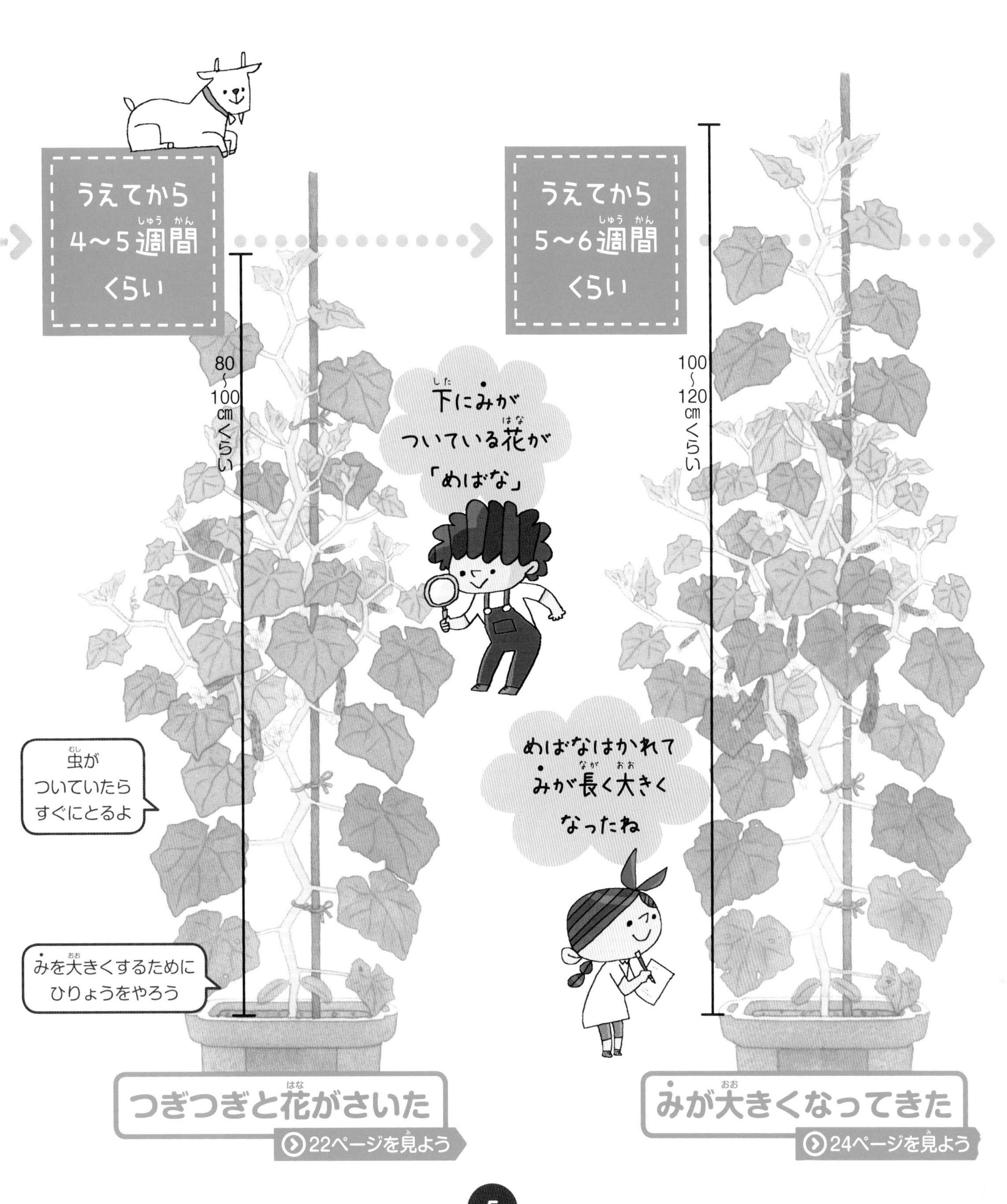
うえてから
4～5週間
くらい
80～100cmくらい
下にみがついている花が「めばな」
虫がついていたらすぐにとるよ
みを大きくするためにひりょうをやろう
つぎつぎと花がさいた
22ページを見よう
うえてから
5～6週間
くらい
100～120cmくらい
めばなはかれてみが長く大きくなったね
みが大きくなってきた
24ページを見よう

この本のつかい方

この本では、キュウリのそだて方と、かんさつの方法をしょうかいしています。

●キュウリがそだつまで：そだて方のながれやポイントがひと目でわかるよ。

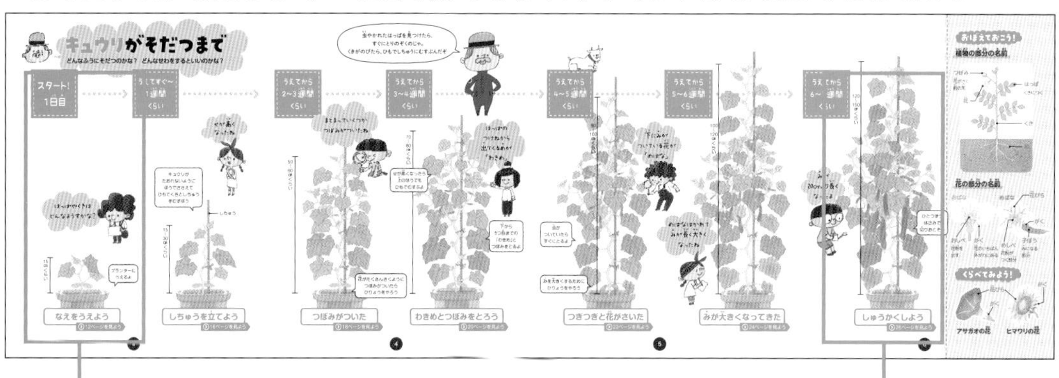

この本のさいしょ（3ページから6ページ）にある、よこに長いページだよ。

●キュウリをそだてよう：そだて方やかんさつのポイントをくわしく説明しているよ。

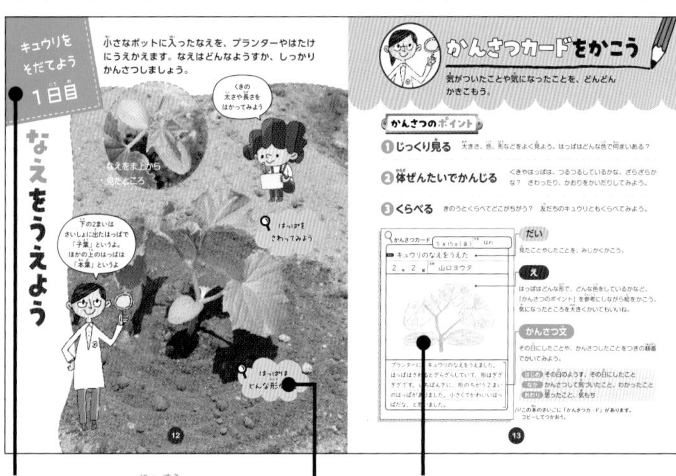

やさいをそだてるときに、どこを見ればいいか教えてくれるよ。

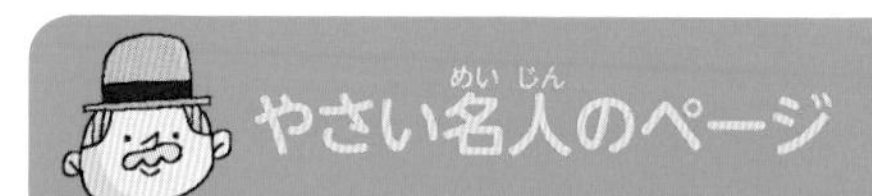

やさいをそだてるときのポイントや、しっぱいしないコツを教えてくれるよ。

うえてからの日数
だいたいの目やす。天気や気温などで、かわることもあるよ。

かんさつカードをかくときの参考にしよう。

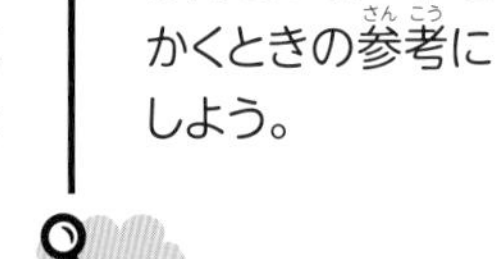

かんさつポイント
かんさつするときに参考にしよう。

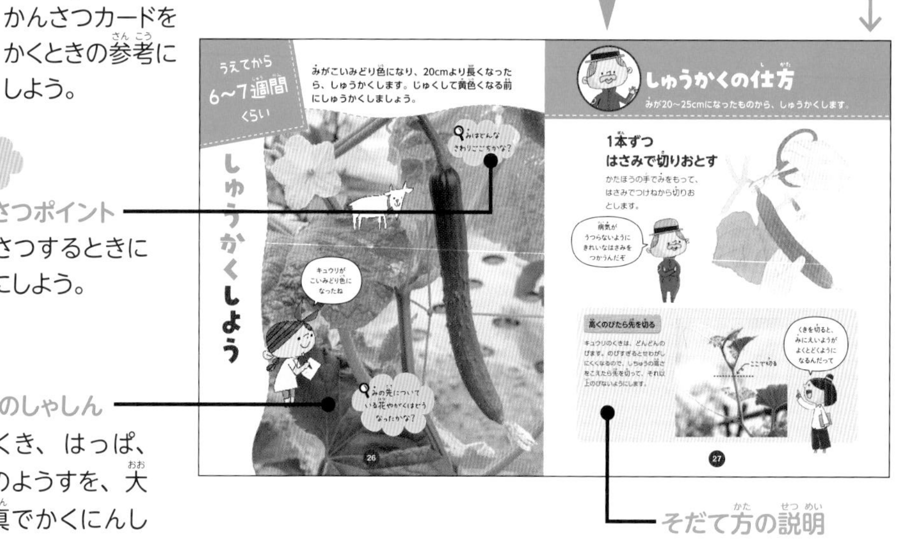

キュウリのしゃしん
なえやくき、はっぱ、花、みのようすを、大きな写真でかくにんしよう。

そだて方の説明

もくじ

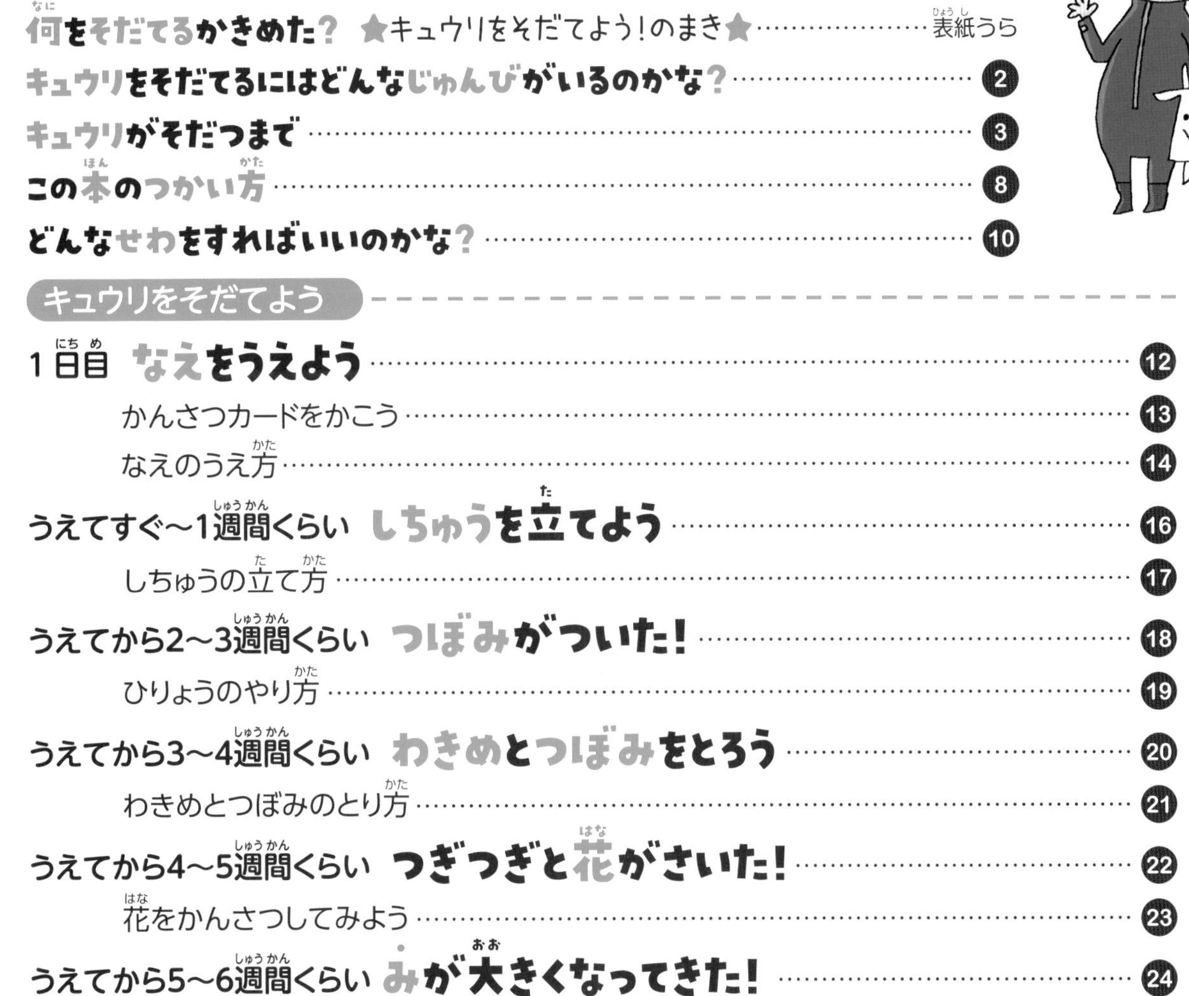

どんなせわをすればいいのかな？

キュウリをそだてるときにすることを頭に入れておこう。

毎日ようすを見る

- 土がかわいていたり、はっぱがぐったりしていたら、水をやる
- 虫やざっ草、かれたはっぱを見つけたら、とりのぞく

虫はいない？

はっぱの色がかわったりかれたりしていない？

ぐったりしていない？

土はかわいていない？

ざっ草ははえていない？

雨の日は、水やりはしなくていいぞ。台風のときは、風をよけられるところにいどうさせるんじゃ

水をやる

- 土を見て、ひょうめんがかわいていたらやる
- プランターのそこからながれ出るまでたっぷりかける
- 夏は、朝のすずしいときにやる
- はっぱや花にかからないようにする

しちゅうを立てる

- たおれないように、ささえるぼうが「しちゅう」
- ひもで、くきをしちゅうにむすぶ
- のびてきたら、上でもむすぶ

17ページを見よう

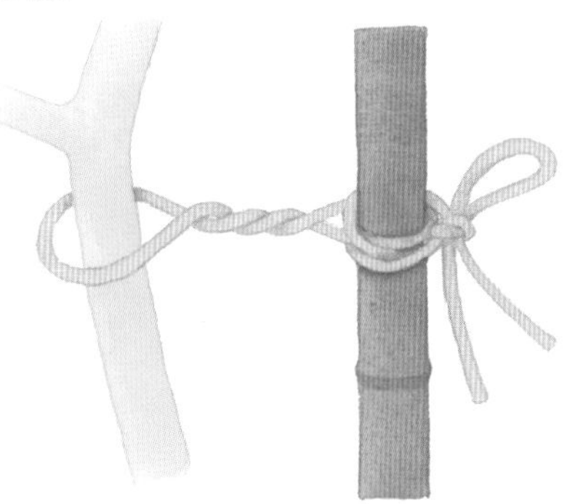

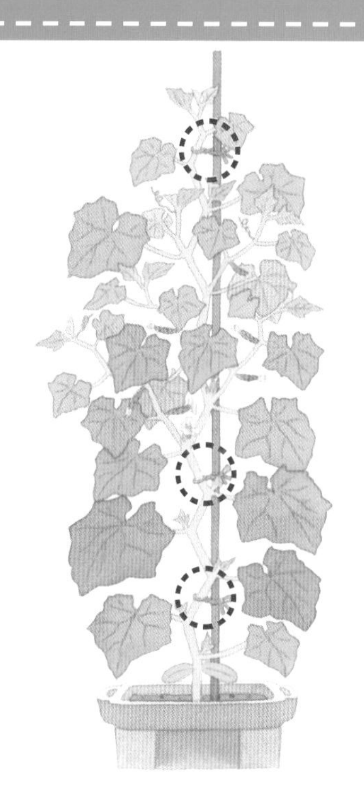

ひりょうをまく

- 土にまく、やさいの えいようが「ひりょう」
- みがついたら、2週間に 1回ひりょうをまく

19ページを見よう

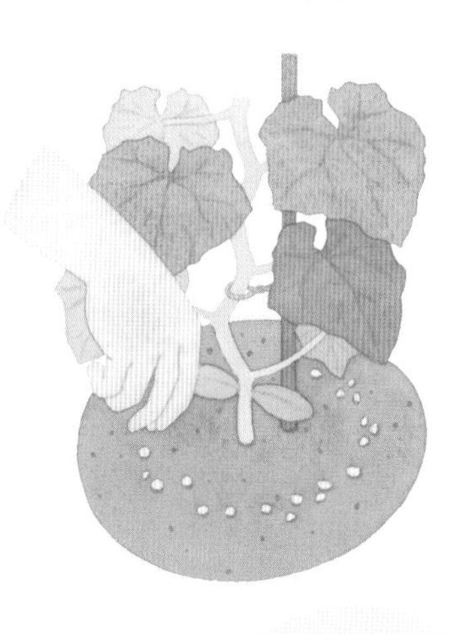

せわをするときに気をつけること

よごれてもいい ふくをきよう

土や植物にさわるので、よごれてしまうことがあります。

おわったら 手をあらおう

土がついていなくても、せわをしたら手をよくあらいましょう。

キュウリをそだてよう
1日目

なえをうえよう

小さなポットに入ったなえを、プランターやはたけにうえかえます。なえはどんなようすか、しっかりかんさつしましょう。

なえをま上から見たところ

くきの太さや長さをはかってみよう

はっぱをさわってみよう

下の2まいはさいしょに出たはっぱで「子葉」というよ。ほかの上のはっぱは「本葉」というよ

はっぱはどんな形かな？

かんさつカードをかこう

気がついたことや気になったことを、どんどんかきこもう。

かんさつのポイント

1 じっくり見る 大きさ、色、形などをよく見よう。はっぱはどんな色で何まいある？

2 体ぜんたいでかんじる くきやはっぱは、つるつるしているかな、ざらざらかな？　さわったり、かおりをかいだりしてみよう。

3 くらべる きのうとくらべてどこがちがう？　友だちのキュウリともくらべてみよう。

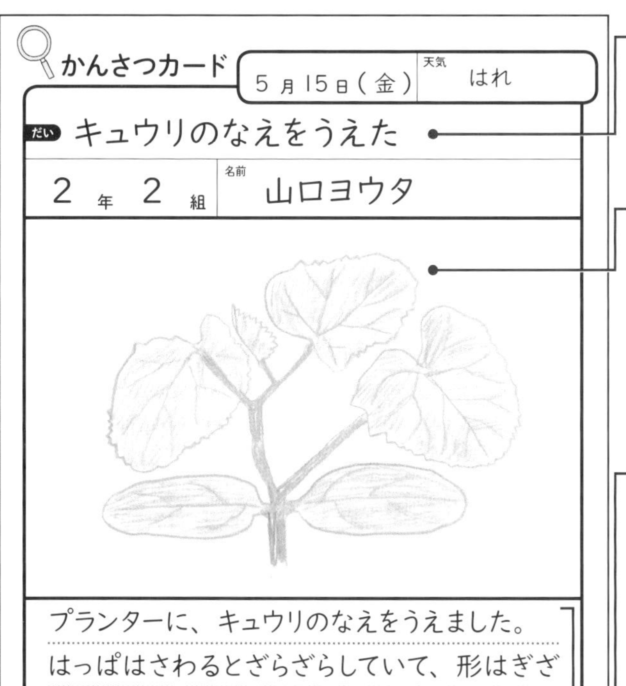
かんさつカード

5月15日（金）　天気　はれ

だい　キュウリのなえをうえた

2年2組　名前　山口ヨウタ

プランターに、キュウリのなえをうえました。はっぱはさわるとざらざらしていて、形はぎざぎざです。いちばん下に、形のちがう２まいのはっぱがありました。小さくてかわいいはっぱだな、と思いました。

だい

見たことやしたことを、みじかくかこう。

え

はっぱはどんな形で、どんな色をしているかなど、「かんさつのポイント」を参考にしながら絵をかこう。気になったところを大きくかいてもいいね。

かんさつ文

その日にしたことや、かんさつしたことをつぎの順番でかいてみよう。

- **はじめ** その日のようす、その日にしたこと
- **なか** かんさつして気づいたこと、わかったこと
- **おわり** 思ったこと、気もち

この本のさいごに「かんさつカード」があります。コピーしてつかおう。

なえのうえ方

ここでは、プランターにうえる方法をしょうかいします。

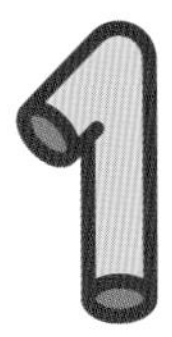

プランターに土を入れる

スコップをつかって、プランターのそこに土（ばいよう土）を入れます。

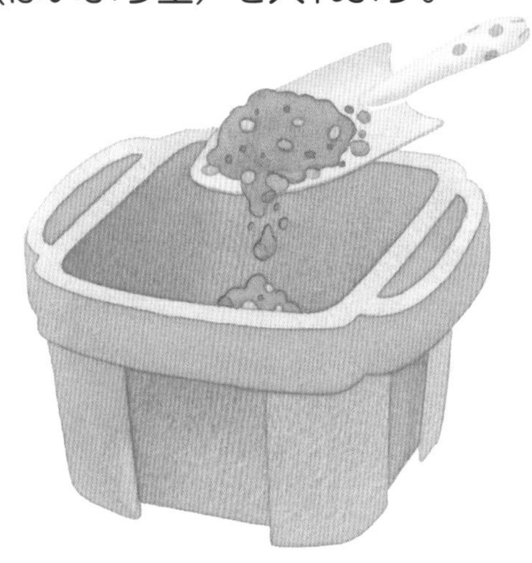

どれくらい土を入れるの？

なえをおいて、なえの土がプランターのふちから2cm下になるくらいにしよう。

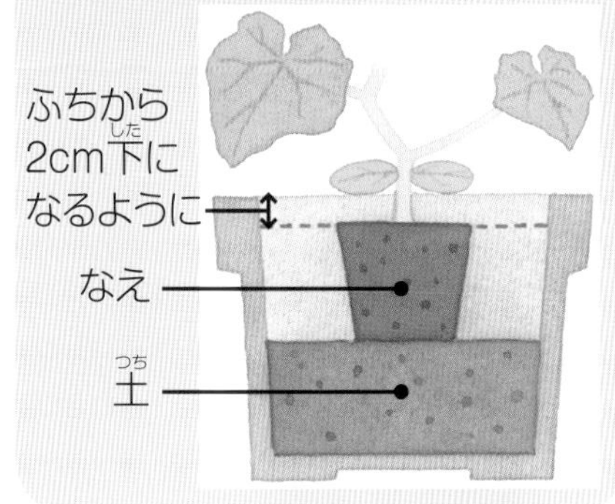

2 ポットからなえを出す

左手でポットをもち、右手でなえをうけとります。なえがおれないように、そっととり出します。

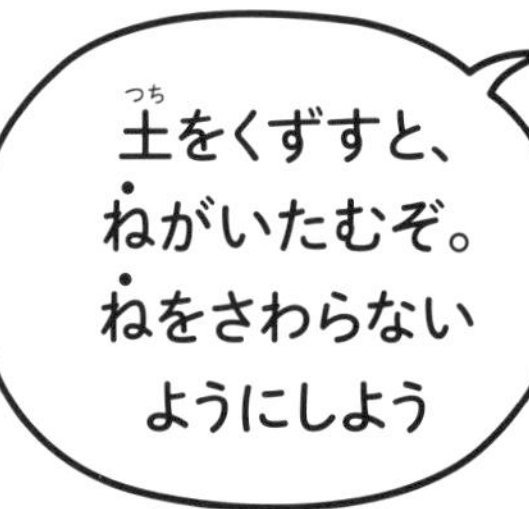

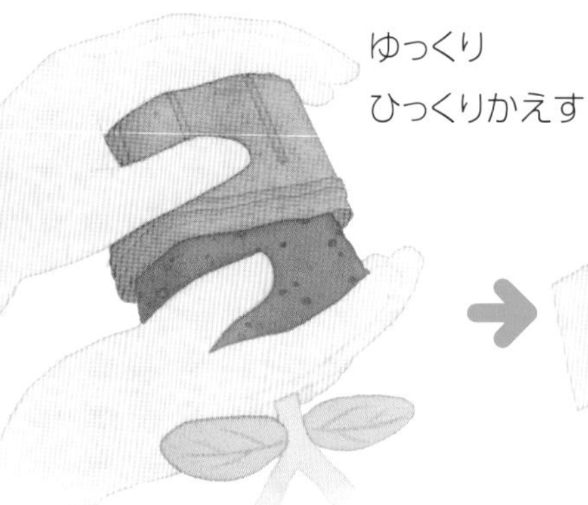

3 まん中になえをおき、さらに土を入れる

プランターになえがまっすぐに立つようにおき、まわりにスコップで土を入れます。

土の高さをそろえる

なえとまわりの土がたいらになるようにしよう。でこぼこがあると、水をやったときに水たまりになって、うまく水がいきわたらないよ。

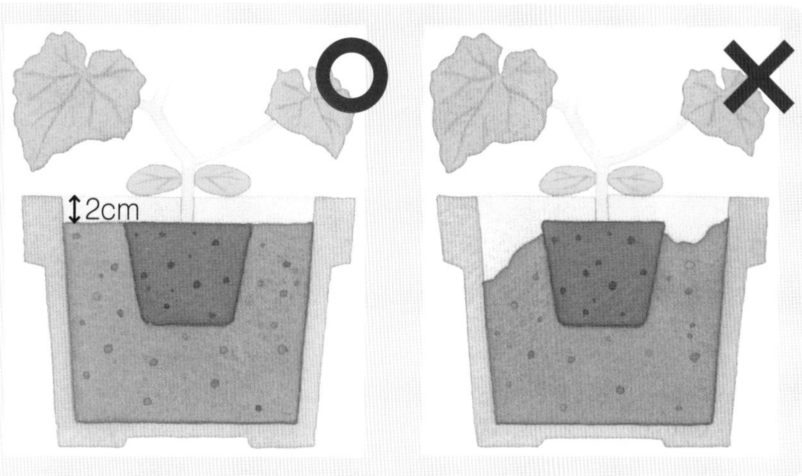

水をやる

じょうろに水を入れて、はっぱやくきにかからないように気をつけながら土の上にかけます。プランターのそこから水がながれ出てくるまで、たっぷりとかけます。

うえてすぐ〜
1週間
くらい

しちゅうを立てよう

くきがのびてきたら、風などでたおれないように、ぼうを立ててささえます。このぼうのことを「しちゅう」といいます。

のびたら上でも
同じように
むすぶんだね

しちゅう

ひもでむすぶ

はっぱは何まいに
なったかな？

むすんでおけば
風がふいても
大じょうぶだね

しちゅうの立て方

くきが20cmくらいになったら、土に長いしちゅうをさして、ひもでむすびます。

1 土にしちゅうをさす

なえから５～10cmはなして、しちゅうをまっすぐにさします。たおれないよう、ふかさ20cm以上さしましょう。

2 ひもでくきをしちゅうにむすぶ

30cmくらいのひもで、くきをしちゅうにむすびます。これからくきが太くなるので、ゆるめにします。くきはどんどんのびるので、上でも同じようにひもでしちゅうにむすびます。

はっぱがかさならないように

大きなプランターやはたけでは、しちゅうをふやすかネットをはります。しちゅうを3本にすると、はっぱがかさならなくなって風通しがよくなり、病気などの心配が少なくなります。

うえてから
2〜3週間
くらい

つぼみがついた！

はっぱのつけねに、つぼみがついて、まきひげものびてきます。えいようがたくさん必要になるので、このころ、ひりょうをやります。

つぼみがついたら
ひりょうをやろう

しちゅう

つぼみは何こ
ついている？

まきひげは
しちゅうなどに
まきついて
くきをささえるよ

くき

がく

花びら

つぼみ

まきひげ

まきひげは、
どこにいくのかな？

まきひげの先のほう

ひりょうのやり方

ひりょうは、やさいのごはんです。かならずやりましょう。

1 土の上にまく

ひりょうを、くきからはなしてまき、土とかるくまぜます。

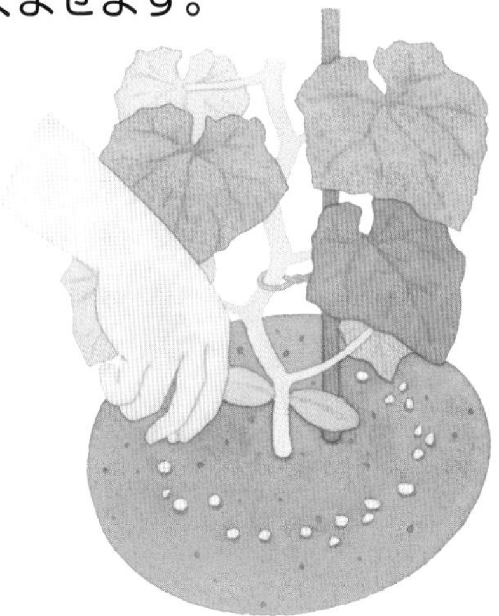

2 水をやる

プランターのそこからながれ出るまで、水をやります。水をかけると、えいようがとけて土にしみこみます。

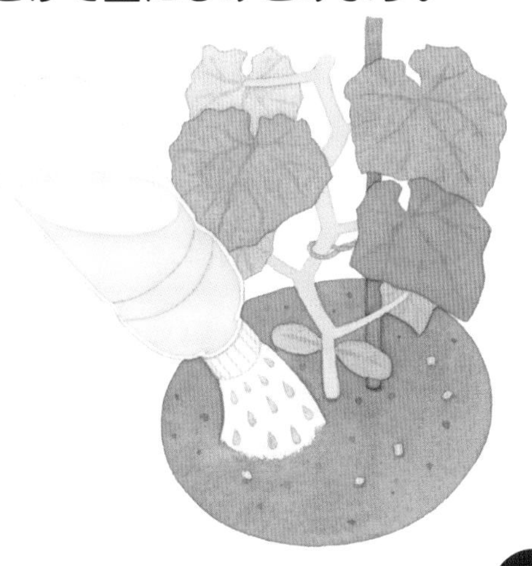

どのくらいひりょうをやるの?

ひりょうには、やさいがそだつのに必要な、えいようがつまっています。みが大きくなるときは、えいようをたくさんつかうので、2週間に1回、ひりょうをやります。

うえてから
3〜4週間
くらい

わきめとつぼみをとろう

はっぱのつけねから出る、新しいはっぱが「わきめ」です。花がさきはじめたころ、下から5つ目までの「わきめ」と、つぼみを切りとります。

わきめとつぼみのとり方

わきめや花はたくさんのえいようをつかうので、キュウリを大きくするために、はじめのうちは切りとります。

1 下から5つ目までのわきめを、はさみで切りとる

はっぱのつけねから出ているわきめは、下から５つ目まで、ぜんぶはさみで切りとります。

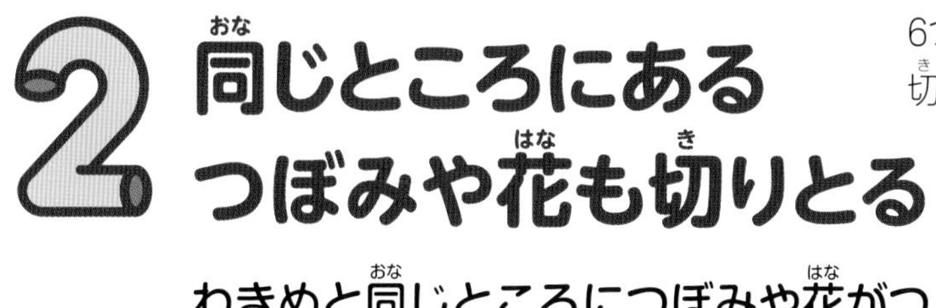

2 同じところにあるつぼみや花も切りとる

わきめと同じところにつぼみや花がついていたら、いっしょに切りとります。

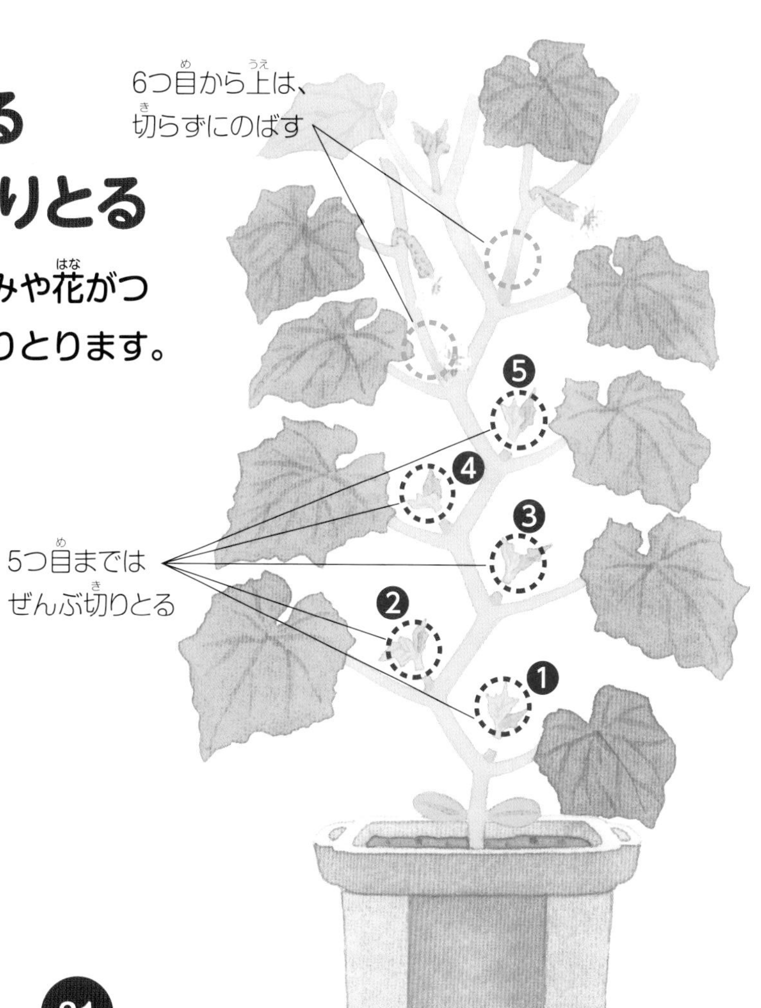

うえてから
4～5週間
くらい

つぎつぎと花がさいた！

あたたかくなると、つぼみがどんどんひらきます。花には「おばな」と「めばな」の2種類があり、めばなの下にはみがつきます。

花をかんさつしてみよう

キュウリには、「おばな」と「めばな」の2種類の花があります。
どんなふうにちがうのか、よくかんさつしましょう。

この時期のキュウリ

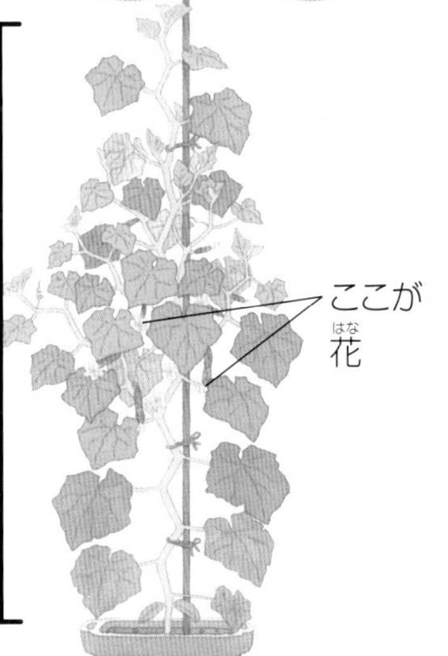

おばなとめばなをくらべてみよう

おばな 花粉を出す「おしべ」がある花

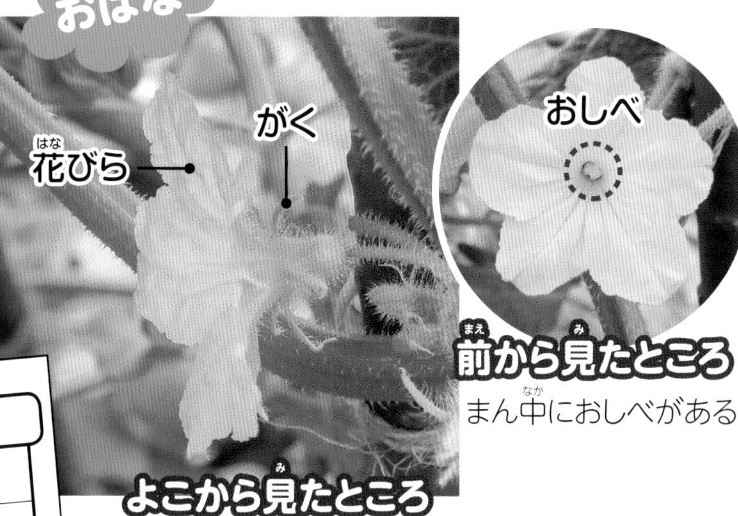

前から見たところ
まん中におしべがある

めばな 花粉がつく「めしべ」がある花

前から見たところ
まん中にめしべがあり、花の下にみがついている

かんさつカードをかこう

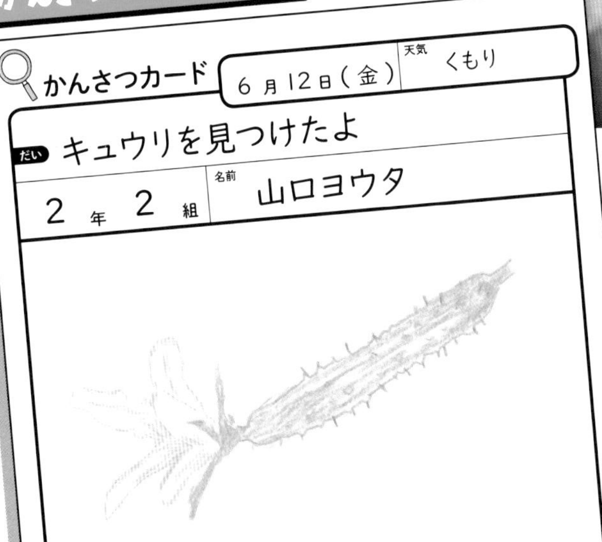

かんさつカード　6月12日（金）　天気　くもり
だい　キュウリを見つけたよ
2年2組　名前　山口ヨウタ

黄色い花が何こもさきました。よく見ると、形がちがう2つの花がありました。1つの花には小さいキュウリがついていて、びっくりしました。これが大きくなるのかな。早く食べられるといいなと思いました。

うえてから 5～6週間くらい

みが大きくなってきた！

みがどんどん太く、長くなると、きれいにさいためばなはしぼんでいきます。みが大きくなったら、水やひりょうをしっかりやりましょう。

みはどんなにおいがするかな？

みの長さや太さをはかってみよう

とげがたくさん！さわったらいたいかな

めばなはどうなったかな？

み

めばな

みをかんさつしてみよう

めばなの下についていたみは、どのようにかわるのかな？　めばなのうつりかわりといっしょに見てみましょう。

この時期のキュウリ

100～120㎝くらい

ここがみ

めばなのうつりかわりとみのようす

①めばなは小さいつぼみ。ねもとが少しふくらんでいる

②花びらがひらき、みが太くなった

③花がさいて、みはさらに大きくなった

④花はしぼみ、みがキュウリらしくなった

かんさつカードをかこう

かんさつカード　6月23日（火）　天気　くもり

だい　キュウリが大きくなった

2年2組　名前　山口ヨウタ

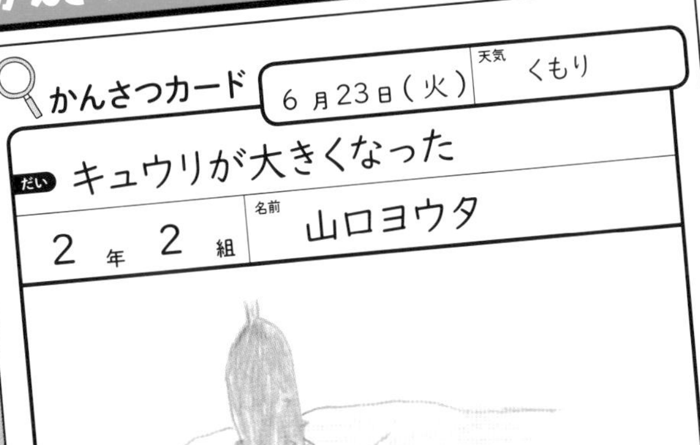

キュウリがどんどん大きくなってきたので長さをはかってみると17センチメートルになっていました。まわりにとげがたくさんついていて、さわるとチクッとしました。もうすぐ食べられるのかなと、うれしくなりました。

うえてから
6～7週間
くらい

しゅうかくしよう

みがこいみどり色になり、20cmより長くなったら、しゅうかくします。じゅくして黄色くなる前にしゅうかくしましょう。

みはどんな
さわりごごちかな？

キュウリが
こいみどり色に
なったね

みの先について
いる花やがくはどう
なったかな？

しゅうかくの仕方

みが20〜25cmになったものから、しゅうかくします。

1本ずつ はさみで切りおとす

かたほうの手でみをもって、はさみでつけねから切りおとします。

病気が
うつらないように
きれいなはさみを
つかうんだぞ

高くのびたら先を切る

キュウリのくきは、どんどんのびます。のびすぎるとせわがしにくくなるので、しちゅうの高さをこえたら先を切って、それ以上のびないようにします。

くきを切ると、
みにえいようが
よくとどくように
なるんだって

すぐできる！
やさいパーティのレシピ

しゅうかくしたキュウリで、かんたんおやつにちょうせん！

できあがり 15分くらい

キュウリのサンドイッチ

キュウリをたっぷり入れて、チーズとハムをはさんだ、食べごたえのあるレシピです。

用意するもの

材料（2人分）

- □キュウリ　2分の1本（50グラム）
- □サンドイッチ用食パン　4まい
- □スライスチーズ　2まい
- □ロースハム　2まい
- □しお　ひとつまみ
- □マヨネーズ　小さじ2

チーズやハムはなくてもできるよ

道具

- □はかり
- □まないた
- □ほうちょう
- □キッチンペーパー
- □スプーン
- □ハートや星のぬきがた（5cmくらい）

つくり方

1 キュウリを切る

キュウリは水であらい、ほうちょうで切り口が輪になるようにうすく切る。

2mmくらいのあつさに切ろう

2 キュウリの水気をとる

キッチンペーパーの上にならべて、しおをふったら、そのまま5分ほどおく。

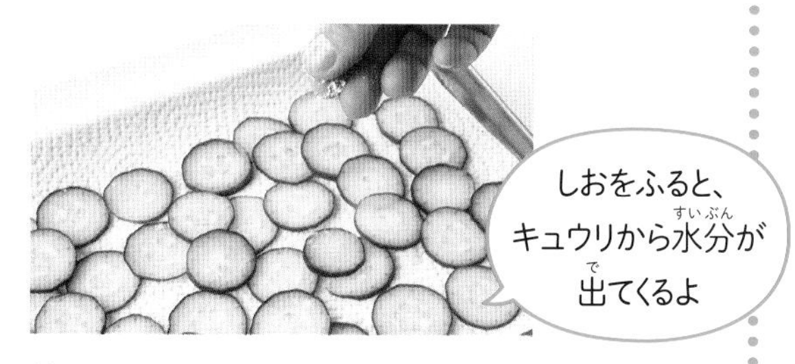

しおをふると、キュウリから水分が出てくるよ

上にキッチンペーパーをのせて水気をとる。

水分をとれば青くささもやわらぐよ

3 具をパンにはさむ

パンのひょうめんに、スプーンでマヨネーズをうすくぬる。**2**の半分のりょうのキュウリをならべる。

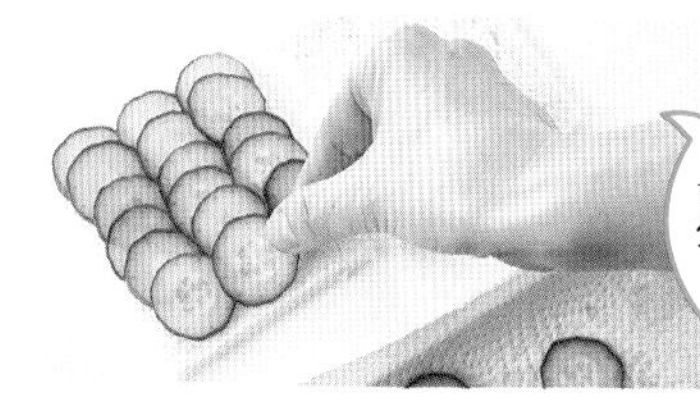

キュウリは少しずつかさねながらならべよう

チーズ、ハムを1まいずつのせ、パンではさむ。

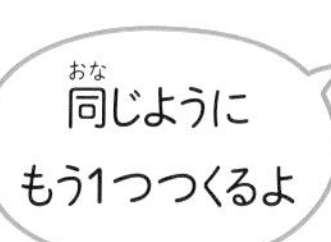

同じようにもう1つつくるよ

4 サンドイッチを切る

5分くらいおいたら、ほうちょうで6等分に切る。

パンのりょうがわをおさえてつぶさないように切ろう

ぬきがたをつかうときは

かさねてからぬくのではなく、パン、チーズ、ハムそれぞれを先にぬきがたでぬいて、あとでかさねます。キュウリはうす切りのままはさみます。

※ほうちょうは大人がいるときにつかおう

できあがり
5分くらい
キュウリとリンゴのジュース
ひすい色があざやかな、見た目も楽しいジュースです。
キュウリはきちんと下ごしらえすることが大切だよ

用意するもの

材料（2人分）
- □キュウリ　2分の1本（50グラム）
- □リンゴジュース　200ミリリットル（かじゅう100%のもの）
- □しお　小さじ4分の1くらい

道具
- □計りょうカップ
- □計りょうスプーン（小さじ）
- □まないた
- □ほうちょう
- □おろし器
- □スプーン
- □グラス　2こ

つくり方

1 下ごしらえをする

キュウリにしおをまぶす。

まないたのうえでころがしたら、水あらいする。

2 キュウリをすりおろす

ヘタをほうちょうで切りおとし、おろし器でキュウリを半分すりおろす。

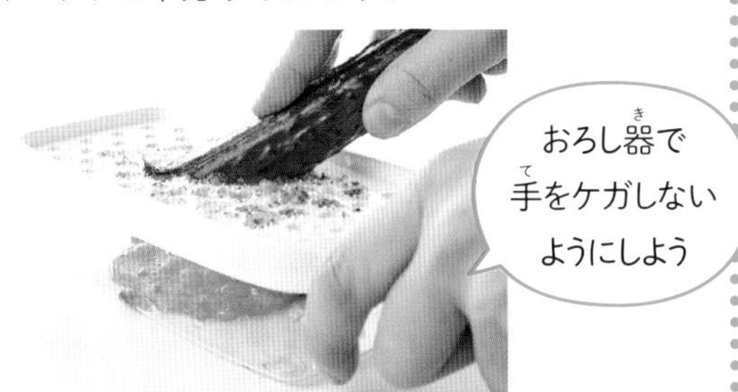

3 グラスにそそぐ

グラスにリンゴジュースをそそぎ、スプーンで、**2**を入れる。

スプーンでよくかきまぜる。

キュウリのあつかい方

下ごしらえ

水であらう。料理によって、**1**のような下ごしらえをして、とげや青くささをとる。

切り方

輪切り
切り口が輪になるように切る。

ななめ切り
切り口が細長い円になるように切る。

ほぞん

ビニールぶくろに入れてから、ヘタを上に立てて、れいぞうこでほぞんする。

※ほうちょうは大人がいるときにつかおう

ちょうせんしよう!

キュウリクイズ

クイズでうでだめしをしてみましょう。
こたえはこの本の中にあるよ。

もんだい 1 なえをうえるとき、土の入れ方がよいのはどっちかな?

水をやったとき、うまく水がいきわたるのは?

こたえ → 15ページを見よう

もんだい 2 「めばな」はどっちかな?

めばなには赤ちゃんキュウリがついているよ。

こたえ → 22ページを見よう

もんだい 3 「輪切り」はどっちかな？

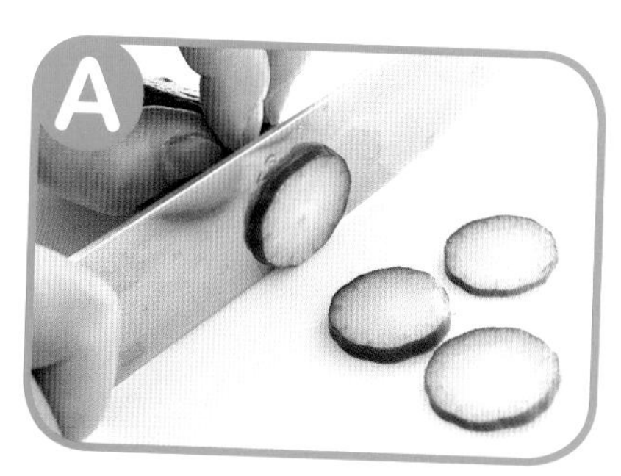

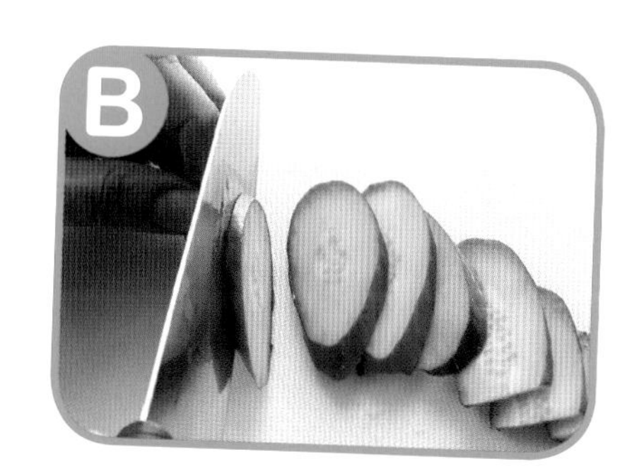

切り口の形をよく見よう。

→ 31ページを見よう

キュウリのなかまはどっちかな？

キュウリと同じように、まきひげがのびているのは？

→ 36ページを見よう

キュウリってどんなやさい？

キュウリはどこで生まれたの？ どんな種類があるの？
みんなのぎもんをやさい名人にきいてみよう。

キュウリはどこで生まれたの？

ヒマラヤ山脈で生まれたよ

インドのヒマラヤ山脈のふもとに生えていた植物です。インドでは3000年も前からキュウリをそだてていて、それが中国につたわり、日本には平安時代につたわりました。そのころは、じゅくして黄色くなったみを食べていたので、あまりおいしくありませんでした。江戸時代のおわりから今のようにみどり色のうちにとるようになって、みんなが食べるようになりました。

キュウリにとげがあるのはなぜ？

たねができるまで自分をまもるためじゃ

キュウリのとげは、みがじゅくすとなくなります。みがじゅくすと中にたねができ、やがてみがわれます。地面におちたたねは、そこで新しくめを出します。子孫をのこすたねができるまでは、鳥などに食べられないよう、するどいとげで自分をまもっているのです。

シセンキュウリ

キュウリにはどんな種類があるの？

いろいろな種類があるぞ

よく食べているキュウリは、こいみどり色でかわがうすくて食べやすい「白イボキュウリ」です。ほかにも、中国生まれでごつごつした「シセンキュウリ」、半分白い「半白キュウリ」、石川県でそだてられている「カガフトキュウリ」、ピクルスという西洋のつけものにつかう「メキシカンサワーガーキン」など、いろいろな種類があります。

カガフトキュウリ

半白キュウリ

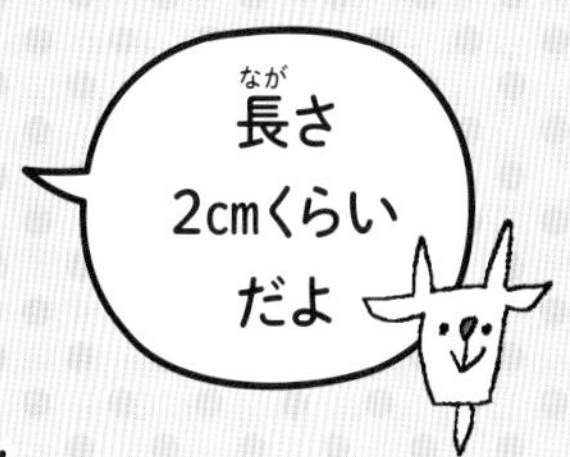

メキシカンサワーガーキン

長さ2cmくらいだよ

キュウリをのりでまいたおすしを「かっぱまき」というのはなぜ？

キュウリがかっぱの大こうぶつだからといわれておる

みに水分が多いキュウリは、よく水の神さまにおそなえされます。水の神さまから妖怪になったのが「かっぱ」です。キュウリはかっぱの大こうぶつなので、キュウリをまいたおすしを「かっぱまき」とよぶようになったといわれています。

キュウリのまめちしき

キュウリのなかまを見てみよう

キュウリのようにつるがのびる植物は、ほかにもたくさんあります。ほとんどの種類にまきひげがあってからみついたり、地面をはったりして大きくなります。

ヘチマ

ゴーヤ

ズッキーニ

カボチャ

スイカ

メロン

どれも、めばなの下にみができるよ

こんなとき、どうするの?

そだてているキュウリのようすがおかしいと思ったら、ここを見てね。すぐに手当てをしましょう。

こまった! 1 はっぱに白いこながふいたようになった!

「うどんこびょう」ですね。

うどんこ（白いこな）がついたようになる病気ですが、はっぱをとりのぞけば大じょうぶです。キュウリのはっぱはこの病気になることがよくあるので、見つけたらすぐにとりのぞいてすてます。近くにおいておくと、ほかのはっぱに、うつってしまいます。

こまった! 2 はっぱに黄色い点ができた!

「べとびょう」かもしれません。

にたような病気に「はん点細きん病」や「たんそ病」などがありますが、どの病気でも黄色い点を見つけたら、すぐにはっぱのつけねからとりのぞいてすてます。原因は、はっぱが多くて風通しがわるい、雨にぬれた、水のやりすぎなどです。

こまった！3 はっぱにあながあいている！

虫に食べられたのかもしれません。

キュウリのはっぱには、ウリハムシ、ウリキンウワバのようちゅうなど、はっぱを食べる虫がよくつきます。はっぱにあながあいていたら、虫がいるのかもしれません。しっかりかんさつして、見つけたらすぐにとりのぞきましょう。

ウリハムシ

ウリキンウワバ

こまった！4 テントウムシがいる！

ナナホシテントウなら大じょうぶ。でも…。

ナナホシテントウやナミテントウはアブラムシを食べてくれるテントウムシです。植物についてしるをすったり、病気をうつしたりするアブラムシをとりのぞくために、わざとつれてくることもあります。ただし、「ニジュウヤホシテントウ」は、はっぱを食べてしまうがい虫です。まちがえないように気をつけましょう。

○ アブラムシを食べるナナホシテントウ

× はっぱを食べるニジュウヤホシテントウ

みがまがっている!

水やひりょうが足りないときや、日当たりがよくないときに、みがまがることが多いようです。日当たりのいい場所にうつして、水をしっかりやるなど、毎日ようすを見ましょう。とくにキュウリは水が大すきです。土がかわいてきたら、朝か夕方にたっぷりかけます。ひりょうも、2週間に1回、わすれずにやりましょう。

こまった!
6

みの下が太くなった

キュウリがかれるサインです。

キュウリは1年草といって、きせつがおわると、かれてしまう植物です。夏のおわりころから、みがまっすぐにならなかったり、下だけ太くなったりするのは、命がおわるサインで、しかたのないことです。

こまった!
7

みがだんだん黄色くなってきた

じゅくしはじめています。

キュウリのみは、とらずにいると、じゅくして黄色くなっていきます。食べるのであれば、すぐにしゅうかくしましょう。まっ黄色になるころには、みの中に小さなたねがいっぱいできます。食べてもおいしくありませんが、たねをとっておけば、来年、まくこともできます。

●監修
塚越 覚（つかごし・さとる）
千葉大学環境健康フィールド科学センター准教授

●栽培協力
加藤正明（かとう・まさあき）
東京都練馬区農業体験農園「百匁の里」園主

●料理
中村美穂（なかむら・みほ）
管理栄養士、フードコーディネーター

●デザイン　山口秀昭（Studio Flavor）
●キャラクターイラスト・まんが・挿絵　イクタケマコト
●植物・栽培イラスト　山村ヒデト
●栽培写真　渡辺七奈
●表紙・料理写真　宗田育子
●料理スタイリング　二野宮友紀子
●DTP　有限会社ゼスト
●編集　株式会社スリーシーズン
（奈田和子、土屋まり子、荻生 彩）

◆写真協力
ピクスタ、フォトライブラリー

毎日かんさつ！　ぐんぐんそだつ
はじめてのやさいづくり
③キュウリをそだてよう

発行　2020年４月　第１刷
　　　2024年１月　第２刷

監　修　塚越　覚
発行者　千葉　均
編　集　柾屋洋子
発行所　株式会社ポプラ社
　　　　〒102-8519　東京都千代田区麹町4-2-6
　　　　ホームページ　www.poplar.co.jp
印　刷　今井印刷株式会社
製　本　大村製本株式会社

ＩＳＢＮ978-4-591-16506-5
N.D.C.626　39p 27cm
Printed in Japan
P7216003

はじめてのやさいづくり

全8巻

監修：塚越 覚（千葉大学環境健康フィールド科学センター准教授）

1 ミニトマトをそだてよう

2 ナスをそだてよう

3 キュウリをそだてよう

4 ピーマン・オクラをそだてよう

5 エダマメ・トウモロコシをそだてよう

6 ヘチマ・ゴーヤをそだてよう

7 ジャガイモ・サツマイモをそだてよう

8 冬やさい（ダイコン・カブ・コマツナ）をそだてよう

N.D.C.626（5巻のみ616）　各39ページ　A4変型判　オールカラー
図書館用特別堅牢製本図書

おしえて! かんさつカードのかき方

気がついたことや気になったことをカードに記録しましょう。

1 じっくり見る 大きさ、色、形などをよく見よう。

2 体ぜんたいでかんじる さわったり、かおりをかいだりしてみよう。

3 くらべる きのうのようすや、友だちのキュウリともくらべてみよう。

右ページの「かんさつカード」をコピーしてつかおう。

かんさつカード　5月15日(金)　天気 はれ

だい キュウリのなえをうえた

2年2組　名前 山口ヨウタ

プランターに、キュウリのなえをうえました。はっぱはさわるとざらざらしていて、形はぎざぎざです。いちばん下に、形のちがう2まいのはっぱがありました。小さくてかわいいはっぱだな、と思いました。

天気

マークでかいたり、気温をかいたりするのもいいね。

だい

見たことやしたことを、みじかくかこう。

かんさつカードで記録しておけば、どんなふうに大きくなったかよくわかるワン!

かんさつカード　6月12日(金)　天気 くもり

だい キュウリを見つけたよ

2年2組　名前 山口ヨウタ

黄色い花が何こもさきました。よく見ると、形がちがう2つの花がありました。1つの花には小さいキュウリがついていて、びっくりしました。これが大きくなるのかな。早く食べられるといいなと思いました。

絵

はっぱ・花・みの形や色はどんなかな?

よく見て絵をかこう。

気になったところを大きくかいてもいいね。

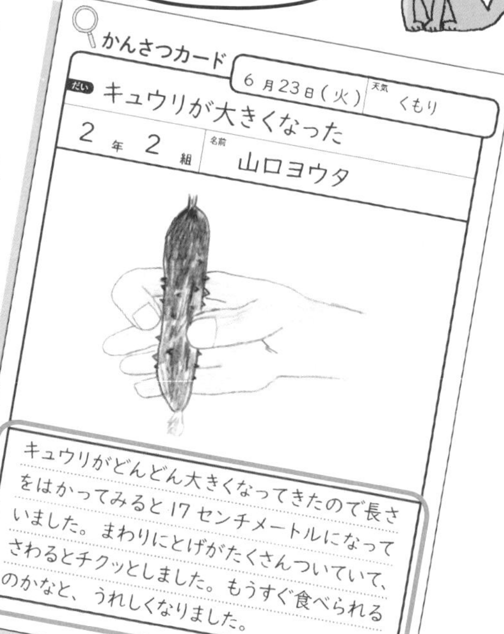

かんさつ文

その日にしたことや、気がついたことをつぎの順番でかいてみよう。

はじめ その日のようす、その日にしたこと

なか かんさつして気づいたこと、わかったこと

おわり 思ったこと、気もち